Bernd Stummer

Altai und Ostsibirische Gebirge

GRIN Verlag

Bibliografische Information der Deutschen Nationalbibliothek:

Die Deutsche Bibliothek verzeichnet diese Publikation in der Deutschen Nationalbibliografie; detaillierte bibliografische Daten sind im Internet über http://dnb.d-nb.de/ abrufbar.

Impressum:

Druck und Bindung: Books on Demand GmbH, Norderstedt Germany
ISBN: 978-3-638-63894-4

Dieses Buch bei GRIN:

http://www.grin.com/de/e-book/25419/altai-und-ostsibirische-gebirge

Universität Augsburg
Lehrstuhl für Physische Geographie
Wintersemester 2003/2004
Hauptseminar: Hochgebirge der Erde
Augsburg im November 2003
Vorgelegt von Bernd Stummer

Thema:

Altai und Ostsibirische Gebirge

Inhaltsverzeichnis

1. Einleitung

Der Titel dieser Hausarbeit lautet „Altai und ostsibirische Gebirge". Trotz der Betonung des Altais im Titel möchte ich in dieser Arbeit vor allem auch die Gebirge Ostsibiriens vorstellen. Der gesamte Osten Russlands, eigentlich alles was östlich des Urals liegt, wird in der Regel recht selten betrachtet und so findet sich auch nur spärlich Literatur in Deutsch oder Englisch. Dennoch finde ich gerade dieses Gebiet sehr interessant, da es den Europäern noch weitgehend unbekannt ist.

In dieser Arbeit sollen dabei der geologische Bau, die geomorphologischen Formen, das Klima, die Vegetation und Tierwelt, sowie der menschliche Einfluss in dieser Region der Erde betrachtet werden.

2. Abgrenzung des Untersuchungsgebietes

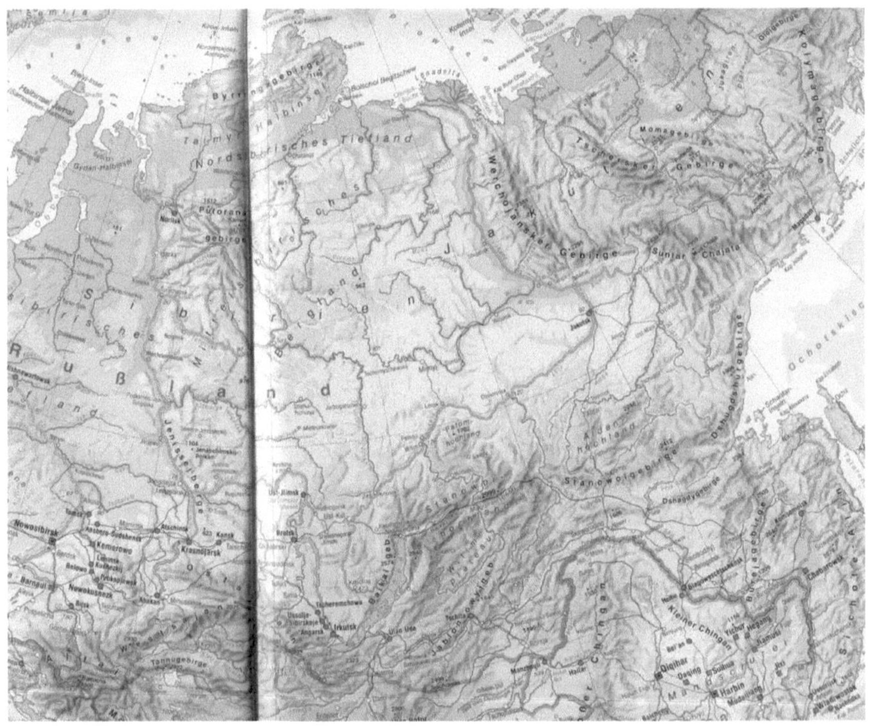

Abbildung 1: Ostsibirien (Westermann 1996, S. 148/149)

Die zu untersuchenden Gebirge in dieser Arbeit sind in einem sehr großen Gebiet verstreut. Die Ausdehnung erstreckt sich in West-Ost Richtung von ca. 83° bis 150° östl. Länge und in Nord-Süd Richtung von ca. 70° bis 52° nördl. Breite. Dabei liegen der Großteil der Gebirge in der südlichen Region des abgegrenzten Gebietes und ein weiterer in der östlichen Region. Ein einzelnes Gebirge befindet sich auch im Nordwesten. Insgesamt werden in dieser Arbeit folgende Mittel- und Hochgebirge behandelt: das Putorana-Gebirge, der Russische Altai, der West- und Ostsajan, Baikalien und Transbaikalien, d.h. Baikal- und Jablonowyj-Gebirge, sowie das Werchojansker-, Tschersker- und Suntar-Gebirge.

All diese Gebirge liegen nach russischer Bezeichnung an den Rändern der Sibirischen Plattform oder auf der Selbigen. Die Sibirische Plattform selbst ist präkambrischen Alters (> 590 Mio. a) und entspricht in der westlichen Literatur im Wesentlichen der Mittelsibirischen Tafel. Die an den Rändern liegenden Gebirge sind morphologisch stärker gegliedert und beinhalten präkambrische Massive, sowie paläozoische und mesozoische Faltensysteme.

3. Der Altai

3.1. Lage, Geologie und Morphologie

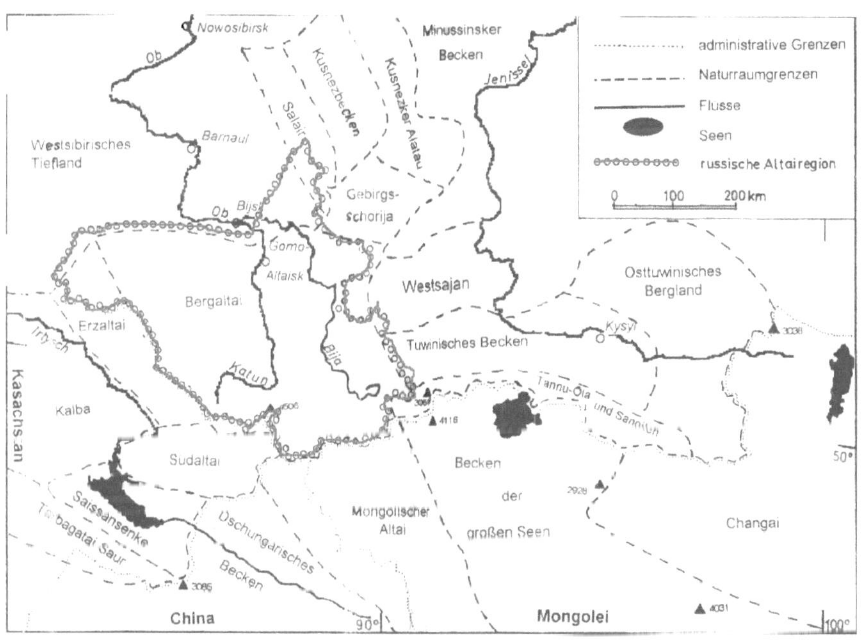

Abbildung 2: Karte des Altaigebietes (Paesler 1999, S. 16/17 verändert)

Der Altai im Ganzen liegt in der südöstlichen Ecke des Untersuchungsgebietes. Er ist ein großes Gebirgssystem, das im Norden steil zur westsibirischen Niederung abfällt und im Westen an die hügelige Rumpflandschaft Kasachstans grenzt. Im Südosten und Nordosten reihen sich weitere Gebirge, nämlich der Mongolische Altai und der Westsajan an. Im Süden wird das Gebirge durch den schwarzen Irrtysch vom Tarbagatai abgegrenzt. Der Altai selbst kann in drei Teile untergliedert werden, den Südaltai, Zentralaltai und Ostaltai. Der zentrale und östliche Teil wird auch als Bergaltai, Russischer Altai oder auch Sibirischer Altai bezeichnet.
Die Struktur des Altai im Ganzen ist die eines kaledonischen Faltengebirges paläozöischen Alters, wobei die Streichrichtung von NW nach SO verläuft. Der Erzaltai jedoch wurde im Mesozoikum nochmals, also variskisch, gefaltet. Danach wurde das gesamte Altaigebiet bis ins Alttertiär abgetragen und dann im Neogen und Quartär durch Neotektonische Bewegungen einer Blockhebung unterworfen. Dadurch entstanden die heutigen Morphostrukturen. Im Pleistozän war der Altai vereist und wurde auch durch die Erosionsfähigkeit der Flüsse nochmals überprägt. Belege dafür sind alpine Reliefformen wie Kare, Kartreppen, Moränen, Karseen, Taltröge und glazifluviale Schotterfluren. Es finden sich alte Gesteine, wie präkambrische Granite, Gneise, Schiefer und Marmor, daneben paläozoische Gesteine, wie Kalke, grobe Sandsteine, Konglomerate, Intrusivkörper und Effusiva. Der Altai bildet heute ein kompaktes Hochgebirge mit stark untergliederten Reliefformen. Es finden sich steile, schroffe Gebirgskämme, daneben Ebenen und Hochplateaus. Die Ebenen liegen in Höhen zwischen 1000-1800 m. Sie sind durch Lockermaterial, das von den erodierten Gebirgshängen stammt, aufgefüllt und enthalten meist eiszeitliche Stauseen oder sogar Moore. Die schmalen Hochplateaus hingegen liegen direkt zwischen den Gebirgsketten in 2000 – 3000 m Höhe. Die Flüsse, die zum Teil dort entspringen, schneiden sich abseits der Hochplateaus in das Gestein ein und bilden tiefe Schluchten. Die höchste Erhebung des Altai liegt im Bergaltai und ist der zweigipflige Bjelucha mit einer Höhe von 4506 m ü. NN.
Direkt im Bergaltai, unweit des Bjelucha, entspringt einer der größten Flüsse Sibiriens, der Ob (3650 km Länge). Dieser bildet zusammen mit dem Irrtysch eines der längsten Flusssysteme Asiens mit einer Länge von 5410 km. Er ist eine wichtige Wasserstraße für den Transport von Bauholz und Getreide.
Eine Besonderheit stellen die warmen Quellen (bis 45° C) dar, die im Altai zu finden sind. Die Quelle von Belokuricha liegt südlich von Bijsk am Nordrand des Gebirges. Eine weitere, die Rachmanow-Quelle, liegt in 1725 m Höhe im Einzugsgebiet der Buchtarma (nach Geograph. Zonen der SU, S. 376). Der Altai ist reich an Kohle, Zink und Blei, daneben kommen auch Gold, Eisenerz, Kupfer, Silber und Zinn vor.

3.2. Klima und Hydrographie

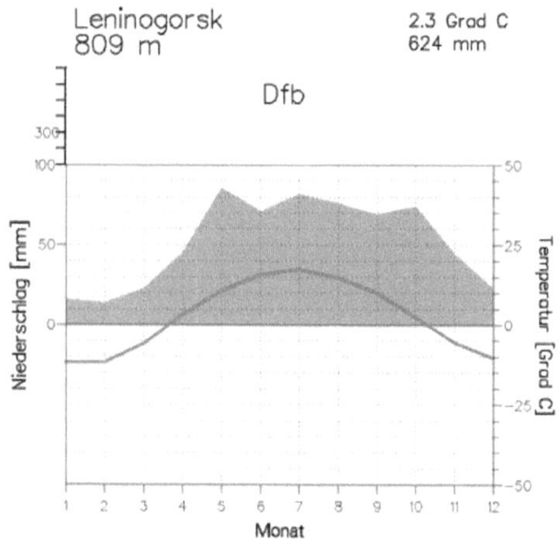

Abbildung 3: Klimadiagramm Leninogorsk (http://www.klimadiagramme.de)

Der Altai ist ganzjährig der außertropischen Westwindzirkulation ausgesetzt. Im Sommer herrschen feuchte Nordwest- und Westwinde vor, im Winter hingegen eher Süd- und Südwestwinde. Somit ergibt sich im Sommer ein Niederschlagsmaximum. Dennoch können ganzjährig Niederschläge fallen. Allgemein ist der westliche Teil des Altais humid und mehr ozeanisch geprägt, während der östliche und südöstliche Teil kontinentaler ist. Klimastationen befinden sich nur in den Becken und an den Gebirgsfüßen. Somit ist es schwierig das Hochgebirgsklima zu erfassen. An den Fußzonen der Gebirge werden im Sommer Monatsmitteltemperaturen von bis zu 20° C erreicht (vgl. Abb 3). Mit der Höhe nehmen die Temperaturen wieder ab. Trotzdem kommt es in höheren Lagen in den Nächten zu starken Frösten und es ergibt sich somit eine große Temperaturamplitude.

Im Winter hingegen herrscht das asiatische Kältehoch vor und die Mitteltemperaturen liegen zwischen -24° bis -26° C. Infolgedessen bilden sich häufig winterliche Inversionslagen in 1000-1300 m Höhe. Diese führen dazu, dass die höher gelegenen Beckenlandschaften durchaus milder sein können. Außerdem bilden sich auch kleine Inversionen in den Beckenlagen des Gebirges, da diese stärker auskühlen als die umliegenden Berghänge.

Station	Höhe [m]	Mittlere Januartemperatur [° C]
Nordaltai		
• Bisk	182	-16,8
• Altaiskaja	996	-13,5
Westaltai		
• Syrjanowsk	455	-22,8
• Katon Kargai	1068	-13,9

Abbildung 4: Mittlere Januartemperaturen Altai (Franz 1973, S. 344)

Die Niederschläge nehmen vom Westen zum Osten hin ab, aber allgemein mit der Höhe zu. In 809 m Höhe betragen sie schon 624 mm/a (vgl. Abb. 3). Die Niederschläge können in höheren Lagen des Westaltai bis zu 1500 mm/a erreichen. In den Höhenplateaus hingegen ergibt sich meist Trockenheit (NS 200-300 mm/a). Im Altai tritt auch häufig Föhn auf, was vor allem im Winter zu deutlichen Erhöhungen der Temperaturen führen kann.
Im Altai finden sich neben den großen Seen (z.B. Telezker See) viele kleine Glazialseen, die in Moränenwällen, Karvertiefungen oder vor Grundmoränen liegen, sowie ein ausgeprägtes Flussnetz (Ob, Buchtarma, Bija, Irtysch).
Eine rezente Vergletscherung findet sich heute nur noch in den höchsten Ketten des Altais. Dennoch ist die Zahl der Gletscher beachtlich: mehr als 1000. Davon liegen die Meisten aufgrund der Niederschlagsverteilung am westlichen Rand und an den Nordhängen des Gebirges, die Mehrzahl besteht aus Kar- und Hängegletschern, wenngleich die flächenmäßig Größten die wenigen Talgletscher sind. Insgesamt ergibt sich eine Gletscherfläche von ca. 900 km^2. Die klimatische Schneegrenze liegt heute im Westen bei 2300 m und steigt nach Osten auf 3000-3300 m Höhe an. Auch in der Vergangenheit lag Vergletscherung in den gleichen Gebieten wie heute vor. In den wahrscheinlich zwei Vereisungsphasen [Syrjans-(Waldai-) und Katun-(Dnepr-)-Vereisung entspricht Würm- und Riß-Eiszeit] zogen sich die Gletscher weit in die Täler hinab. Die Schneegrenze lag damals im Südaltai bei circa 2000-2300 m Höhe (nach Geograph. Zonen der SU, S. 377)

3.3. Böden und Vegetation

Das Altai Gebirge grenzt nur im Nordosten an die Waldzone und ansonsten an Steppen. Daher sind Schwarzerden und kastanienfarbene Böden an den Gebirgsfüßen weit verbreitet. Diese steigen mit in das Gebirge auf, und wechseln mit der Höhe von hellkastanienfarbenen Böden in dunkelkastanienfarbene schuttreiche Böden.

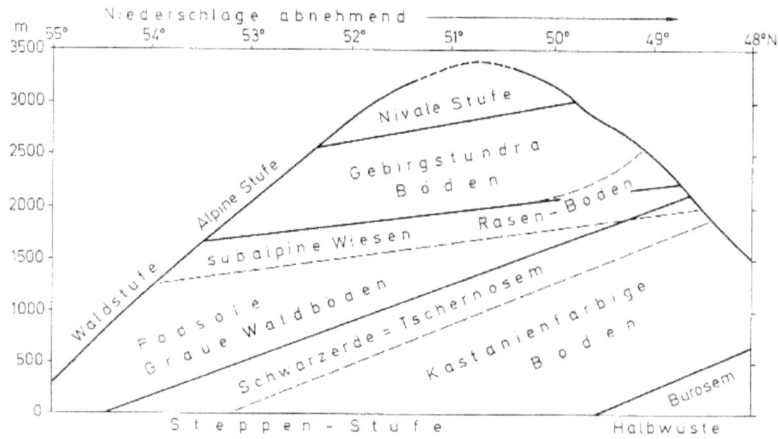

Abbildung 5: Bodentypen-Höhenstufen Altai (Walter 1974 S. 342)

Mit zunehmender Höhe treten dann Gebirgsschwarzerden, podsolierte Gebirgsböden und schließlich Gebirgswiesenböden auf. Eine beispielhafte Abfolge der Bodentypen mit der Höhe von Nord nach Süd durch den Altai zeigt die untere Abbildung 5.
Die Höhenstufen der Vegetation sind klimaabhängig und weisen daher deutliche Unterschiede innerhalb des Altais auf. Die untere Waldgrenze ist hygrische bestimmt und liegt im Westaltai bei ca. 350 m ü. NN, im Süden und Osten hingegen bei 1000 m bzw. 1400-1800 m.
Die obere Waldgrenze befindet sich im Westaltai bei 1900 m Höhe, im Südostaltai bei 2300-2400 m. Als Hauptvertreter der Wälder treten fünf Nadelholzarten auf: Sibirische Lärche, Fichte und Tanne, sowie Zirbelkiefer und Gemeine Kiefer. Daneben treten vereinzelt Birke und Espe als Laubholzarten auf. Zwischen den Wäldern gibt es auch Bergwiesen mit Kräutern und Stauden, sowie Grassteppen, z.B. mit Federgräsern, auf.

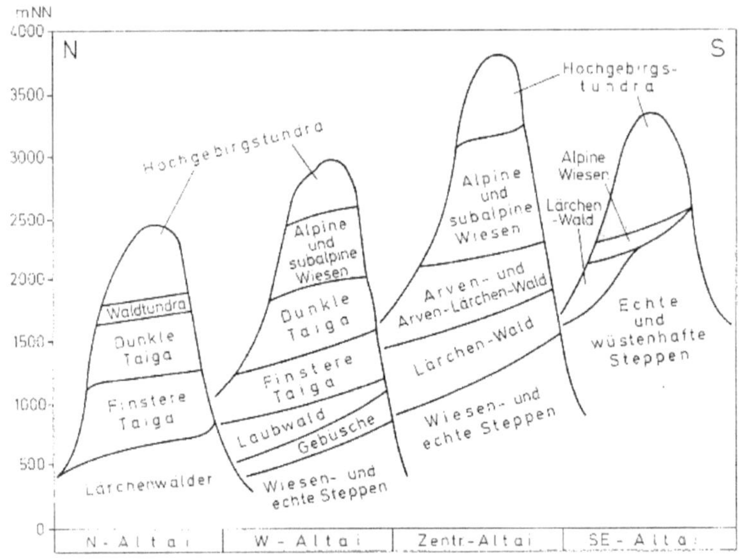

Abbildung 6: Höhenstufen der Vegetation im Altai (Walter 1974 S. 344)

Die Wiesen- und Wiesensteppenstufe ist im Altai besonders ausgeprägt. Im Nordwesten liegt die Untergrenze bei ca. 1900 m, im Südosten bei 2400 m ü. NN. Die Obergrenze liegt bei 2700 – 3200 m Höhe. Die Vegetationsperiode beträgt in dieser Höhenstufe drei bis vier Monate. Ein Beispiel für die unterschiedlichen Höhenstufen im Altai zeigt die Abbildung 5 mit den Bereichen Nord-, West-, Zentral- und Südostaltai. (Höhenangaben nach PhysGeo der SU, S. 345 f.)

3.4. Tierwelt und menschlicher Einfluss

Der Altai kann in drei charakteristische Faunenbezirke eingeteilt werden, nämlich den Nordost-, Zentral- und Südost-Altai. Im Nordaltai leben Eichhörnchen, Bär, Zobel, Rentier und Edelhirsche. Daneben kommen Amsel, Drossel, Nachtigall sowie Taigavögel, wie Auer-, Haselhuhn und Tannenhäher. Im Zentralaltai, welcher als Übergangsfauna zwischen NO- und SO-Altai zu rechnen ist, gibt es neben den genannten Arten auch noch Ziesel, Mullmaus und Rotwolf. Der Südostaltai beinhaltet eine Fauna, die bereits in die mongolische übergeht. Früher lebten hier auch Tiger. Die Fauna ist in diesem Bereich noch artenreicher als bisher genannt. Daher soll sie hier nicht näher erläutert werden.

Das Altaigebiet wird auch landwirtschaftlich genutzt. Die Steppenzonen um das Gebirge werden vollständig zum Anbau von Getreide genutzt, zum Teil sogar bis in 1000 m Höhe. Hierbei wird Sommerweizen, Gerste und Hirse angebaut. Ansonsten ist die Nutzung durch den Menschen und somit der Einfluss desselbigen im Gebirge sehr gering. Alle größeren Städte liegen am nördlichen Rand des Altai im Kusnez Becken. Dieses ist wirtschaftlich wegen seiner Kohlevorkommen sehr bedeutend und ein Industriepol. Trotz der Bodenschatzvorkommen im Altai werden diese noch nicht abgebaut. Wahrscheinlich aufgrund der Vorkommen im Kusnez Becken, in welchem der Abbau leichter ist und auch eine Infrastruktur vorhanden ist. Die Lage des Altai im Bereich des sporadischen und saisonalen Permafrostes erschwert natürlich auch die Erschließung. Bis auf ein paar wenige Abenteuertouristen wird der Altai kaum touristisch genutzt.

4. Der Sajan

4.1. Lage, Geologie und Morphologie

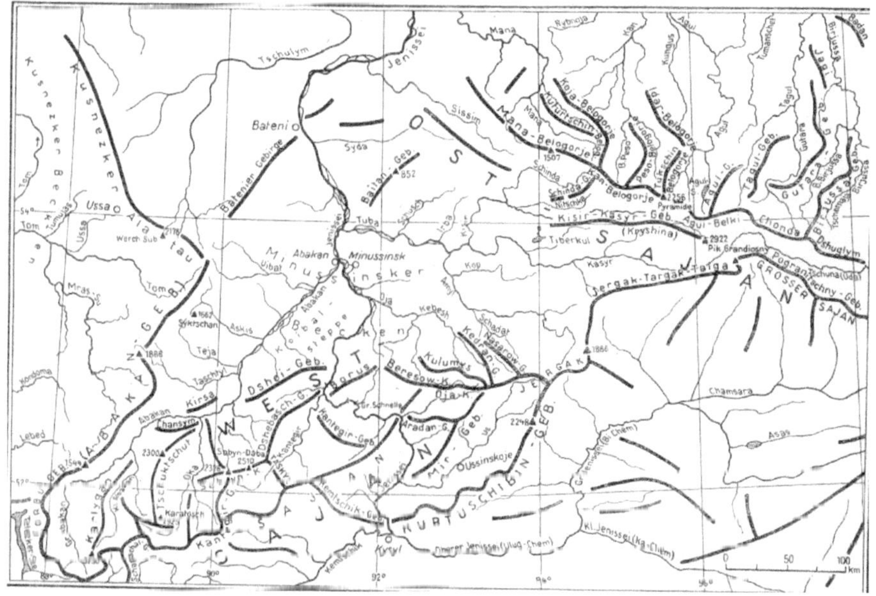

Abbildung 7: Orographie des Sajan (Berg 1989, S. 399)

Der Sajan liegt im Süden des Untersuchungsgebietes. Er ist ein Gebirgszug, der in zwei Teile gegliedert werden kann, den West- und Ostsajan.

Der Westsajan erstreckt sich vom Altai im Westen bis zum Ostsajan im Osten und streicht dabei von WSW in ONO Richtung. Im Norden wird das Gebirge durch eine scharfe Kante zum Minussinsker Becken abgegrenzt. Im Süden ist das Gebirge nicht so deutlich zum Tuwa-Becken abzugrenzen. Der Westsajan ist fast vollständig aus Graniten aufgebaut. Nur an der Basis finden sich kristalline Schiefer und graugrüner Phyllit. Im Pleistozän war der Westsajan vergletschert und daher sind auch hier zahlreiche, sehr gut erhaltene Formen wie Moränen, Kare, Gletschersee und U-Täler zu finden. Im westlichen Teil erhebt sich das Gebirge bis in ca. 3300 m Höhe, sinkt in der Mitte zum Jenissej-Tal auf 1800 m ab und steigt dann im Osten wieder auf ca. 2500 m Höhe an. Der höchste Gipfel ist der Karatosch im westlichen Teil mit 2930 m Höhe. Im größten Teil des Westsajans tritt erodiertes Relief auf bei dem sich kleinere Hochplateaus und steile Gebirgsketten abwechseln. Der Jenissej, der in der Mongolei beginnt, durchschneidet den Westsajan in einem antezedenten Tal mit vielen Stromsschnellen. Er ist der größte asiatische Fluss mit einer Länge von 5200 km Länge.

Der Ostsajan erstreckt sich über 1000 km vom Jenissejufer bei Krasnojarsk in südöstlicher Richtung bis zum Baikalsee. Es bricht im Norden steil zum Mittelsibirischen Bergland ab. Nach Westen hin wird der Ostsajan zum sibirischen Tiefland hin immer flacher. Im Süden wird der Ostsajan durch das Minussinker Becken, das Todschabecken und den Westsajan begrenzt. Im Osten berührt er das Gebirgssystem Transbaikaliens. Der Berührpunkt mit dem Westsajan liegt an den Quellen von Uda, Birjussa und Kasyr. An dieser Stelle erreicht das Gebirge fast 3000 m Höhe. Es besteht aus kristallinem Schiefer, präkambrischen Kalken, kambrischen Ablagerungen und im Westteil auch aus silurische Effusiva. Die Hebung des Ostsajan begann im Tertiär. Im Miozän liefen vulkanische Prozesse ab, von denen heute zwei erloschene Vulkane, sowie Asche- und Basaltdecken zeugen. Im Quartär setzte sich die Hebung fort und dauert bis heute an. Daher ist heute erosives Mittelgebirgsrelief weit verbreitet. Es finden sich Reste von Verebnungsflächen mit breiten Muldentälern bis in über 2000 m Höhe. Daneben gibt es eine Vielzahl von Gebirgszügen, die sich mit den Hochflächen abwechseln. Der Ostsajan besitzt eine durchschnittliche Höhe von 2500 – 2900 m. Der höchste Berg ist der Munkusardyk am östlichen Rand des Gebirges mit einer Höhe von 3500 m. Im Ostsajan finden sich Hinweise auf zwei Vereisungsphasen, in denen es Kar- und Talgletscher und sogar Plateaugletscher, sowie Gletscherkappen gab. Die Gletscher reichten im Maximalstadium bis 815 m ins Tal hinab. Als Zeugen der Vergletscherung findet man heute ein alpines Relief mit schroffen Gipfeln und Graten, sowie glaziale Formen vor.

Das Gebirge wird durch zwei Flüsse, die Oka und Tschuna, durchschnitten, die auch beide im Ostsajan entspringen. In Folge der geologischen Situation und Entstehungsursache kommen folgende Bodenschätze vor: Gold, Eisenerz, Glimmer, Nephrit und Graphit.

4.2. Klima und Hydrographie

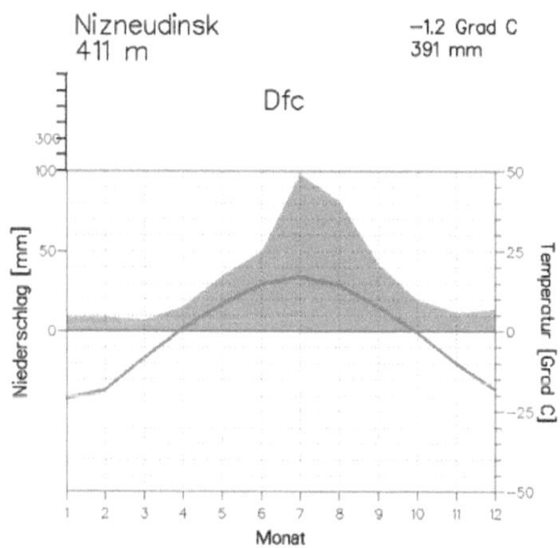

Abbildung 8: Klimadiagramm im Ostsajan (http://www.klimadiagramme.de)

Der Sajan im Gesamten weist ein sehr ausgeprägtes kontinentales Klima auf. Jedoch gestaltet es sich im Ost- und Westsajan unterschiedlich. Im Winter liegt der gesamte Sajan im Einflussbereich des asiatischen Kältehochs. In den Hochplateaus wird der Effekt noch verstärkt. Allerdings ergibt sich durch das Überschreiten des Gebirges durch Luftmassen ein Wind, der Föhncharakter annimmt und eine gewisse Erhöhung der Wintertemperaturen verursacht. Die mittleren Januartemperaturen betragen zwischen -20 und -25° C. In den Beckenlandschaften sind sie teilweise noch geringer, da sich durch eine hochreichende und beständige Temperaturinversion noch eine Frostverstärkung ergibt. Die Klimastation Nizneudinsk, deren Klimadiagramm in Abbildung 7 dargestellt ist, belegt diese geringen Januartemperaturen. Im Sommer hingegen liegt der Sajan im Einflussbereich von Tiefdruckgebieten, die aus der Mongolei herangeführt werden. In Folge der Einstrahlung wird die Luft stark aufgeheizt und es ergeben sich mittlere Julitemperaturen von 15-20° C (vgl. Abb. 7). Dennoch treten im Gebirge auch im Sommer Fröste auf. Die Niederschlagsverteilung im Sajan ist reliefabhängig. Daher machen sich auch Luv- und Leeeffekt bemerkbar. Im Westsajan fallen mehr Niederschläge als im Ostsajan, dabei unterstützt der stärkere Luveffekt im Westsajan noch diese Tatsache. Im Sommer ergibt sich das Niederschlagsmaximum im Winter ein Minimum (vgl. Abb. 7). Dabei können im Westsajan mehr als 1000 mm/a Niederschlag fallen. Im Sajan nimmt die Niederschlagsmenge von West nach Ost ab und im Ostsajan zusätzlich nach Südosten. Aufgrund des geringen Niederschlags, besonders im Winter, ergibt sich im Ostsajan auch eine geringe Schneedecke und im östlichen

Teil sogar Dauerfrostboden. Rezente Vergletscherung findet man nur noch im Ostsajan im Bereich des Munkkysardyk. Die Schneegrenze liegt im Ostsajan zwischen 2000 und 2800 m. Am Munkysardyk-Gletscher sogar auf 3170 m Höhe.

4.3. Böden und Vegetation

Der Sajan wird im Norden und Westen von Waldsteppe begrenzt. Er selbst stellt sich als Waldgebirge dar. An den Gebirgsfüßen findet sich hier Schwarzerde, die bis in 400 m Höhe reichen kann. Auf diesen Böden herrschen sekundäre Mischwälder vor, die nach der Rodung entstanden sind. Im Westsajan sind ab 600 m alle Böden podsoliert. Bis zur oberen Waldgrenze, die hier in ca. 1700 m liegt, dominieren dunkle Nadelwälder zumeist aus Zirbelkiefer. Daneben treten auch noch vereinzelt Lärchen und Tannen auf. Als Unterwuchs kommt hier eine Strauchschicht oder auch ein bis zu 1, 5 m hohe Krautschicht vor. Über der Waldgrenze treten mosaikartig subalpine Wiesen und Gebirgstundra auf. Der Ostsajan ähnelt in der Vegetation sehr dem Westsajan. Hier herrschen ebenfalls bis in 1800 m zur Waldgenze Zirbelkiefern in der Taiga vor. Allerdings gestalten sich die Böden anders. Man kann hier vielfach vermoorte und vergleyte Böden finden. Über der Waldgrenze dominieren dagegen wieder die podsolierten Böden. In der Vegetation unterscheidet sich der nordöstliche Teil vom südwestlichen teil des Ostsajans. Im nordöstlichen und kontinentaleren Teil fehlen die alpinen Wiesen, die im südwestlichen feuchteren Teil dominieren, und es herrscht die Flechtentundra bis in ca. 3000 m Höhe vor.

4.4. Tierwelt und menschlicher Einfluss

Im Sajan ist die Artenvielfalt ebenso groß wie im Altai. Die hier vorkommenden Tiere haben sich an die Klimabedingungen und Vegetation angepasst um zu überleben. Es sollen hier nicht viele Tierarten aufgezählt werden, nur ein paar besonders erwähnenswerte. In den verschiedenen Vegetationsstufen leben auch unterschiedliche Arten. In der Taiga kommen viele Vogelarten und auch Kleintiere vor, daneben auch Bär und Rentier. In den alpinen Regionen der Hochflächen oberhalb 2100 m Höhe kommen im Sommer zahlreiche Huftiere, wie Rentiere, Moschustiere und sibirische Steinböcke vor. Vereinzelt tritt auch der Elch oder der Maral auf. Daneben sind auch der Bär und Rotwolf anzutreffen. Der menschliche Einfluss macht sich schon durch die Tatsache bemerkbar, dass im Sajan vielfach gejagt wird. Dabei sind der Elch, wilde Rentiere, Eichhörnchen, Hermelin, Bären, Zobel und Moschustiere das Ziel. Sie werden entweder wegen des Fells oder anderer Trophäen bejagt. Trotz der vorhandenen Bodenschätze wird auch im Sajan selbst sehr wenig abgebaut, da auch hier die vorgelagerten Becken leichter zu erschließen sind. Im Gebirge wird nur das Graphit und Nephrit abgebaut, vereinzelt auch Gold. Bergbau findet vor allem im Minussinker Becken und entlang der Transsibirischen Eisenbahn im Norden und Nordosten des Ostsajan statt. Hier befinden sich auch die Industriestandorte. Ansonsten ist der Einfluss des Menschen auf das Gebirge gering, da sich die Bevölkerung auf die umliegenden Becken und die Bahnlinie konzentriert, wo auch die größeren Städte liegen. Der Jenissej wird am Westsajan zur Energiegewinnung mittels Wasserkraft genutzt. Dazu wird er zweimal, d.h. im Sajano-Suchensker See direkt im Gebirge und dann nochmals im Krasnojarsker See, welcher im Minussinker Becken liegt, gestaut. Landwirtschaftliche Nutzung erfährt das Gebirge nur bis in eine maximale Höhe von 650 m. Bis hier hin kann vereinzelt sogar noch Hafer angebaut werden. Ansonsten wird zumeist in den Becken Ackerbau (Weizenanbau) betrieben.

5. Baikalien und Transbaikalien

5.1. Lage, Geologie und Morphologie

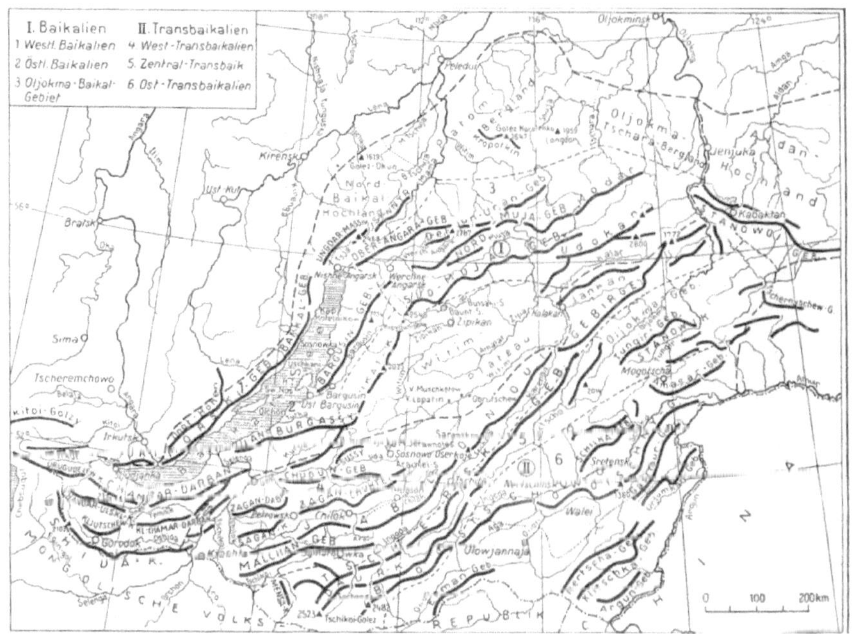

Abbildung 9: Orographie Baikaliens / Transbaikalien (Berg 1989, S. 421)

Als Baikalien und Transbaikalien werden die Gebirge im Nordwesten bzw. Süden und Osten um den Baikalssee bezeichnet. Sie nehmen eine sehr große Fläche der südsibirischen Gebirge ein, überschreiten dabei allerdings die 3000 m Höhe nirgends und sind daher eher als Mittelgebirge einzuordnen.
Baikalien besteht dabei aus dem Baikalbecken und den umgebenden Gebirgsketten (Baikal- und Primorskigebirge). Diese erhielten ihre Struktur im oberen Proterozoikum während der ripheischen Tektogenese (älter 680 Mio. a.) mit gleichzeitiger starker Metamorphose und auch vulkanischer Aktivität. Daher finden sich hier Intrusivgesteine, Schiefer, Ton- und Sandsteine, sowie Kalke. Diese mächtige Schichtfolge wird auch als „Baikalkomplex" bezeichnet.
Transbaikalien, das sich aus dem Jablonowyjgebirge und den Witim-Plateuau zusammensetzt, ist dagegen aus gefalteten präkambrischen und paläozoischen Schichten aufgebaut. Die Gebirge streichen dabei in ONO bis NO-Richtung. Am weitesten verbreitet sind metamorphe Gesteine silurischen bis karbonischen Alters, sowie jüngere vulkanogene Serien. Die heutigen Großformen des Reliefs Baikaliens und Transbaikaliens entstanden durch Schollenbewegungen im Tertiär und Quartär. Die geotektonische Aktivität brachte die Baikal-Rift hervor. Dieser verdankt der Baikalsee seine Existenz. Auch heute ist das Gebiet um den Baikalsee noch tektonisch aktiv. Dies belegen immer wieder auftretende Erdbeben, die Magnituden über sieben erreichen können. Den Mittelgebirgscharakter erhielt Transbaikalien durch weit verbreitete Abtragungsvorgänge, die gleichzeitig mit den geotektonischen Bewegungen abliefen. Die Gipfel Transbaikaliens erreichen im allgemeinen Höhen zwischen 1300 und 2000 m ü. NN. Vereinzelt werden auch größere Höhen erreicht, so zum Beispiel der höchste Berg Sochondo mit 2499 m. In Baikalien erreichen die Gebirgsketten hingegen fast Hochgebirgscharakter mit Höhen bis 2840 m und fallen zum Teil steil zum Baikalbecken hin ab. Eine Besonderheit ist der Baikalsee. Er ist bis zu 80 km breit und 636 km lang. Er umfasst eine Fläche von 31 500 km^2 und füllt das Baikalbecken fast vollständig aus. Er ist mit 1637 m der tiefste See der Welt. Erosionsformen spielen in Baikalien und Transbaikalien eine wichtige Rolle. Als erstes können hier die vielen Flüsse genannt werden, die mit parallelen Längstälern ein großes Talnetz bilden und die Gebirgsketten oft in antezedenten Tälern durchschneiden. Daneben treten glaziale Formen auf, die noch Reste der quartären Vergletscherungen darstellen. So findet man Kare, Karlinge, Trogtäler und Moränen. Während des Maximaleisstandes war das Stanowoibergland mit bedeutenden Talgletschern bedeckt, die bis in 1000 m Höhe hinabreichten und mächtige Endmoränenwälle hinterlassen haben. Renzente geomorphologische Prozesse werden durch des Klimas und den auftretenden Dauerforstboden verursacht. Hier können zum Beispiel Erdrutsche genannt werden, die besonders in Baikalien verbreitet sind.

Daneben treten Frostsprengung und Solifluktion auf. Transbaikalien und Baikalien sind außerordentlich reich an Bodenschätzen. So kommen Gold, Steinsalz, Eisen, Zinn, Silber-Blei-Zink-Erze, Edelsteine, Glimmer, Mangan und Mineralquellen vor. In den Beckenlagen bei Irkutsk findet sich auch Kohle. Daneben gibt es noch heiße Quellen, die von der tektonischen Aktivität zeugen.

5.2. Klima und Hydrographie

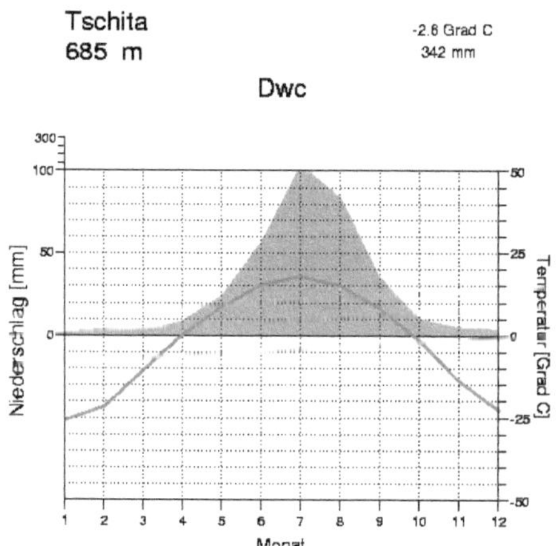

Abbildung 10: Klimadiagramm Jablonowyjgeb. (http://www.klimadiagramme.de)

Das Klima in Baikalien und Transbaikalien zeigt wie auch schon in den anderen Gebirgen eine deutliche Kontinentalität. Im Winter liegen beide Gebiete unter dem Einfluss des asiatischen Kältehochs. Die Mitteltemperaturen sinken im Januar auf bis -25° C ab. Dabei können Minimaltemperaturen von -60° C auftreten, insbesondere in den Beckenlagen. In diesen könne sich Kaltluftsee und somit Inversionslagen bis in 2000 m Höhe bilden. Im Sommer ergibt sich infolge der Einstrahlung ein thermisch bedingtes Tiefdruckgebiet. Dadurch können die Mitteltemperaturen auf über 20° C steigen. Somit ist Zyklonenbildung und Luftbewegung möglich. Dies führt dazu, dass Kaltluft aus Norden herangeführt werden kann oder Zyklonen aus der Mongolei heranziehen, die sommerliche Niederschläge bringen. Somit ergeben sich ein sommerliches Niederschlagsmaximum und ein winterliches Minimum. Dennoch fällt mit ca. 300 mm/a die Niederschlagsmenge gering aus. Dies gilt besonders für den Winter. In Transbaikalien ist daher die Schneedecke sehr gering und der Dauerfrostboden kann bis zu 650 m tief werden.

In Baikalien hingegen macht sich der Einfluss des Baikalsees deutlich bemerkbar. Die Schneedecke kann hier in den Gebirgen bis zu 150 cm dick werden und hält sich bis zu 270 Tage. Das Klima im Baikalbecken hat maritimen Charakter. Im Sommer bewirkt die kalte Wasserfläche des Baikalsees eine Abkühlung, im Winter hingegen durch sein spätes Zufrieren eine Erwärmung (siehe Abb. 11: Klimastation Listwjanka am Baikalssee und Ulan-Ude entfernt vom See). Außerdem bildet sich im Winter Nebel über der Wasseroberfläche.

	Jan.	Febr.	März	April	Mai	Juni	Juli	Aug.	Sept.	Okt.	Nov.	Dez.	Jahr
Listwjanka	– 15	– 16	– 10	– 1	5	10	13	14	9	2	– 5	– 12	– 1
Ulan-Ude	– 26	– 21	– 12	0	8	17	20	17	9	– 1	– 12	– 22	– 2
Differenz	– 11	– 5	– 2	– 1	+ 3	+ 7	+ 7	+ 3	0	– 3	– 7	– 10	– 1

Abbildung 11: Vergleich Klimawerte (Berg 1989, S. 431)

Die Flüsse werden in erster Linie durch Niederschläge gespeist. Dadurch entsteht im Sommer vielfach Hochwasser. Schneeschmelzhochwasser kommt sehr selten vor. Im Winter hingegen sind alle Flüsse für 5-7 Monate mit einer bis zu 1,5 Meter dicken Eisschicht überzogen.
Der Baikalsee stellt mit 23 000 m³ Wasserinhalt das größte Süßwasserreservoir der Welt dar. Die Wassertemperatur ist auch im Sommer im offenen See mit bis 10° C gering. An flachen Uferbereichen können an der Oberfläche bis zu 20° C erreicht werden. Die mittlere Jahrestemperatur des Sees beträgt 7° C. Ab 500 m Tiefe hat der See ganzjährig eine Temperatur von 3,3-3,5° C. Im Winter friert der See spät zu, d.h. erst im Januar, bleibt dann aber bis Mitte Mai gefroren. Dabei bildet sich eine teilweise 1,1 m dicke Eisschicht, so dass sogar LKW´s darauf fahren können. Insgesamt wird der See durch über 300 Flüsse gespeist, davon sind die Selenga und Angara die Größten. Der einzige Abfluss ist die untere Angara, die zum Jenissej fließt.

5.3. Böden und Vegetation

Die Böden und Vegetation Baikaliens und Transbaikaliens besitzen viele Eigenheiten. Gebirgstaigaböden auf Dauerfrostböden nehmen im nördlichen Transbaikalien und Witimplateau außerhalb der Beckenlagen große Gebiete ein. Im Süden Baikaliens und südlichen Transbaikalien herrschen vor allem Gebirgspodole vor. Daneben treten in den Beckenlagen Waldsteppen- und Steppenböden sowie Gebirgstschernoseme auf. Im westlichen Baikalien findet man auch graue Waldböden, sowie Gebirgswaldböden. Die Vegetation ist eine Übergangsart zwischen mongolischer Steppe und sibirischer Taiga. In den Senken und Becken reichen die Steppen weit nach Norden, während im Gebirge die Taiga weit nach Süden reicht. In Transbaikalien liegen die Steppen in 500-1000 m Höhe, die Waldsteppen in 1000-1200 m. Oberhalb 1200 m schließt sich im südlichen Teil bis 1800 m die Gebirgstaiga an. Darüber folgt der subalpine Gürtel in 1800-1900 m Höhe und die alpine Zone ab 1900 m. Im Nördlichen Transbaikalien endet die Taiga bereits in 1200 m Höhe. Darüber schließt sich der subalpine Gürtel, aus Zwergkiefern bestehend, an. Das Witim-Plateau ist von einer versumpften Lärchentaiga bedeckt und stellt somit eine Besonderheit dar, ebenso wie das Bailkalseegebiet. Hier findet sich eine Vielzahl (über 600) verschiedener Pflanzenarten. Zweidrittel davon sind endemisch. Als Gründe dafür sind die isolierte Lage des Beckens, sowie das hohe Alter des Sees, mit circa 25 Mio. Jahren, zu nennen. Der See selbst wird durch bewaldete Gebirge mit vereinzelten Steppen eingerahmt.

5.4. Tierwelt und menschlicher Einfluss

Die Tierwelt zeigt ähnliche Ausprägungen wie die Vegetation. Es zeigt sich die gleiche Vermischung zwischen Steppen- und Taigaarten. Als Besonderheit ist hier wiederum der Baikalsee zu nennen. Hier finden sich über 1200 verschiedene Arten, Zweidrittel davon endemisch. Prägnante Beispiele sind die Baikal-Robben, auch Nerpa genannt, die nur hier vorkommen, sowie der Omul, eine Lachsart, und der Golomjanka, ein Fettfisch, der besonders tief lebt.

Der menschliche Einfluss ist in Transbaikalien eigentlich recht gering. Nur an der Linie der Transsibirischen Eisenbahn gibt es Siedlungen oder größere Städte. An diesen Stellen wird allerdings auch Bergbau betrieben. Im krassen Gegensatz dazu steht der Baikalsee. Hier und in angrenzenden Gebieten wird der menschliche Einfluss recht groß. Große Industriestädte wie Irkutsk oder Ulan-Ude haben die Landschaft deutlich verändert. Sie wird heute durch zunehmende Besiedelung, intensive Fischerei, Holzeinschlag und Industrialisierung, sowie Tourismus, stark gefährdet.

6. Nordostsibirische Gebirge

6.1. Lage, Geologie und Morphologie

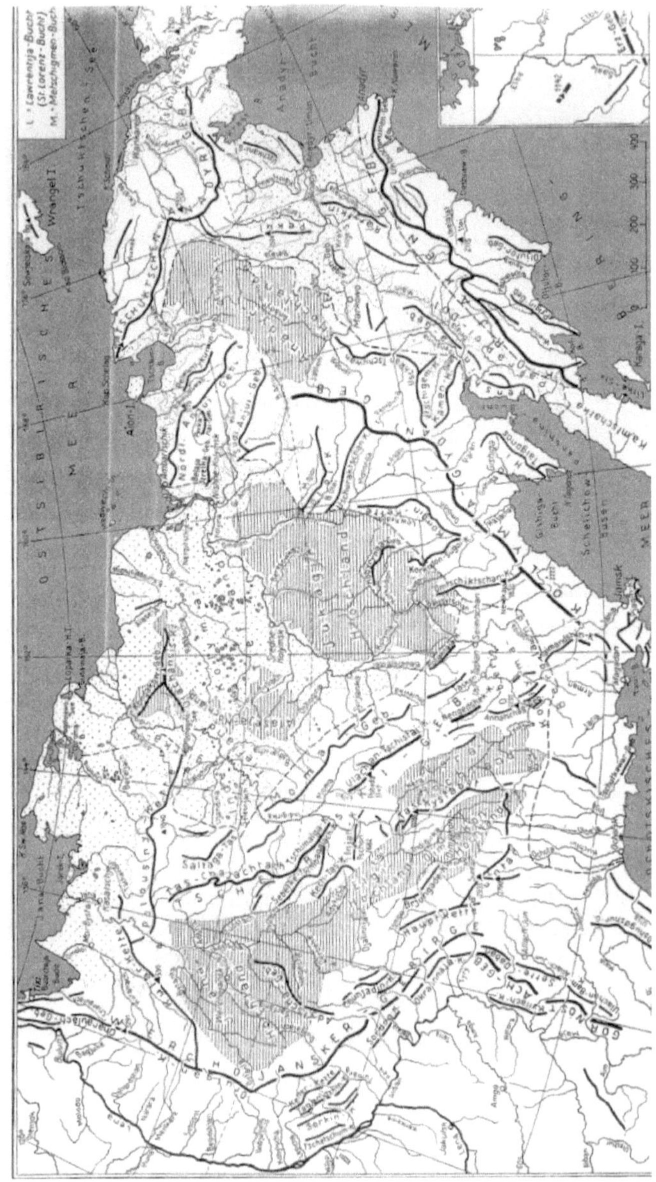

Abbildung 12: Nordostsibirien (Berg 1989, S. 421)

Unter dem Begriff „Nordostsibirische Gebirge“ sollen das Werchojansker, Tschersker, Suntar, Kolymar und Dshugdshurgebirge zusammengefasst werden. Dieses gesamte Gebiet östlich der Lena enthält ein sehr abwechslungsreiches Relief. Es wechseln sich Großformen, wie Tiefebenen, hohe Gebirgszüge und Plateaulandschaften ab. Das Dshugdshurgebirge liegt im Südosten Sibiriens direkt an der Westküste des Ochotskischen Meeres. Es hat eine maximale Höhe von 1906 m und fällt zum Meer hin steil ab. Es ist hauptsächlich aus magmatischen Gesteinen und Inseln paläozoischer Sedimentgesteine aufgebaut.
Das Kolymar-Massiv besteht aus gefaltetem Paläozoikum und Präkambrium und bildet ein bis zu 2000 m hohes Gebirge. Westlich und östlich davon schließen sich Hochflächen (Jukagier- und Anadyr-Hochland) an. Das Werchojansker- und Tschersker-Gebirge sind mesozoisch gefaltete Gebirge. Sie bilden lange geschwungene Formen und bestehen aus einer Vielzahl einzelner Ketten. Das Werchojansker Gebirge selbst fällt nach Westen steil ab, während es im Osten flach absinkt. Es wird von der sogenannten „Werchojansker-Serie“ aufgebaut, d.h. mächtige Schichtabfolgen von oberkarbonischen, permischen, triassischen und jurassischen Schiefern und Sandsteinen. Im Tertiär wurden einzelne Teile nochmals gehoben. Es besitzt Höhen bis 2389 m und ist 1500 km lang. Das Suntar-Gebirge, welches sich an das Werchojansker anschließt, und aus einzelnen Schollenstrukturen aufgebaut ist, erreicht heute durch die Hebungen im Tertiär eine Höhe von fast 3000 m. Das Tscherker-Gebirge ist ein kompliziertes System von einzelnen Ketten und Bergmassiven. Das Gebirge wird an der Basis ebenfalls von der Werchojansker-Serie aufgebaut, ist allerdings ein Bruchfaltengebirge und gleichzeitig das Höchste in Nordostsibirien. Teile des Gebirges bestehen aus Schollen der mesozoischen Tektogense, andere aus Granitintrusionen. Die höchste Erhebung ist der Pobeda mit 3147 m Höhe, im Mittel erreicht das Tschersker-Gebirge 2000-2500 m Höhe. Das Gebirge wird von den Flüssen Indigirka und Kolyma in engen Schluchten durchflossen. Während der Eiszeiten war es stark vergletschert, wovon heute Moränenreste in 400 m Höhe zeugen. Das Suntar- und Werchojansker-Gebirge war ebenfalls vergletschert. In den mittleren und höheren Lagen der Gebirge finden sich dadurch auch glaziale Formen, wie Karen, Trogtäler, Scharfe Grate und Karlinge. In den auch heute noch vergletscherten Teilen im Suntar und Tschesker-Gebirge wird dieser Formenschatz weiterentwickelt. Geomorphologische Formen entstehen rezent durch Erosion der Flüsse insbesondere bei Hochwasser, solifluidale Prozesse, Abspülung infolge des Dauerfrostesbodens und Schneeflecken, sowie durch Thermokarstprozesse.

6.2. Klima und Hydrographie

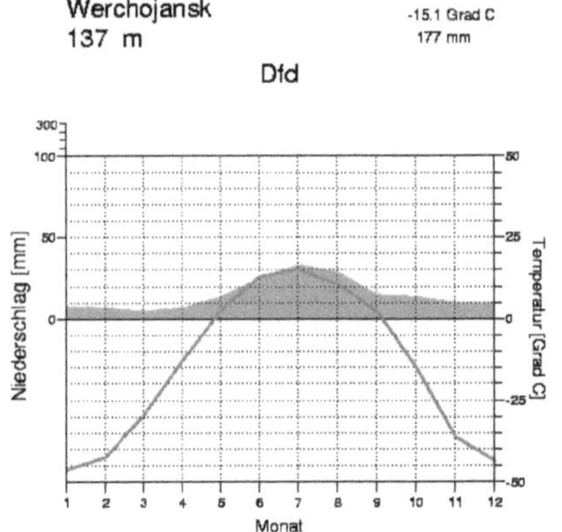

Abbildung 13: Klimadiagramm Werchojansk (http://www.klimadiagramme.de)

Das Klima lässt sich sehr leicht als rau und sehr kontinental bezeichnen. Dies erklärt sich vor allem aus der geographischen Breite, der Meeresferne und der Höhelage.

Als Beispiel mag hier die Klimastation Werchojansk dienen. Dieser Ort wird auch als „Kältepol der Erde" bezeichnet. In Nordostsibirien liegt die Jahresmitteltemperatur unter -10° C. Der Winter dauert hier 220-240 Tage. Es bildet sich infolge des Kältehochs eine Temperaturinversion in 1000 m Höhe aus. Diese verursacht Monatsmitteltemperaturen im Januar in den Beckenlagen von -50° C. Je weiter man in das Gebirge kommt desto „wärmer" wird es. Der Temperaturunterschied kann bis zu 20° C betragen. Im April wird die Temperaturinversion durch Tauwetterperioden unterbrochen. Im kurzen Frühjahr (Mai und Juni) steigen die Temperaturen rasch an. Es können Tagestemperaturen von 25° C erreicht werden, während in den Nächten Fröste mit -30° C auftreten. Diese treten ganzjährig auf. Im Sommer, der von Juli bis August dauert, werden Monatsmittel von bis zu 15° C erreicht, an sonnigen Tagen können Temperaturen von 30-34° C auftreten. Der Herbst (Sept / Oktober) bringt nasskalte Witterung und Schneefälle. Die Niederschläge sind in Nordostsibirien recht gering. Dennoch zeigen sie eine Nord-Süd-Zunahme, die noch eine höhenabhängige Differenzierung erfährt. Die Beckenlagen erhalten sehr geringe Niederschlagsmengen. Das Niederschlagsmaximum wird allgemein im Sommer erreicht, das Minimum tritt im Winter auf. Die Flüsse werden meist durch Schneeschmelzwasser und Regenwasser gespeist. Der Abfluss konzentriert sich auf die Sommermonate, da die Flüsse von Oktober bis Mai zugefroren sind. Nur an den Stellen, wo heiße Quellen austreten, friert das Wasser nicht zu. Beispiele hierfür finden sich am Oberlauf der Indigirka. Beim Eisaufbruch im Frühjahr kann es zu enormem Hochwasser (bis 18 m im Jena Unterlauf) infolge des Eisstaus kommen. Größere Seen fehlen in Nordostsibirien, dafür gibt es viele kleinere, die vor allem auf Thermokarst gründen. Rezente Vergletscherung gibt es im Suntar- und Tscherski-Gebirge. Insgesamt sind mehr als 500 Gletscher bekannt, die meisten davon sind Kar- und Hängegletscher, die Größten jedoch Talgletscher. Die Schneegrenze liegt bei 2320-2390 m Höhe.

6.3. Böden und Vegetation

In ganz Nordostsibirien herrscht der Dauerfrostboden vor. Dieser kann eine Mächtigkeit von 100 bis >500 m betragen. Daher sind die bodenbildenden Prozesse sehr gering und konzentrieren sich auf die bis 0,5 m dicke sommerliche Auftauschicht. Es finden sich somit nur sehr flachgründige Böden. Im nördlichsten Teil Nordostsibirien sind arktische Tundrenböden am häufigsten vertreten. Nach Süden hin können auch Zwergpodsole und Flachmoorböden auftreten. In den tief gelegenen Lagen sind Taigaböden und Taigagleye auf Gefrornis zu finden. In den Bergländern treten Gebirgstaigaböden auf Gefrornis und Gebirgstundrenböden auf.

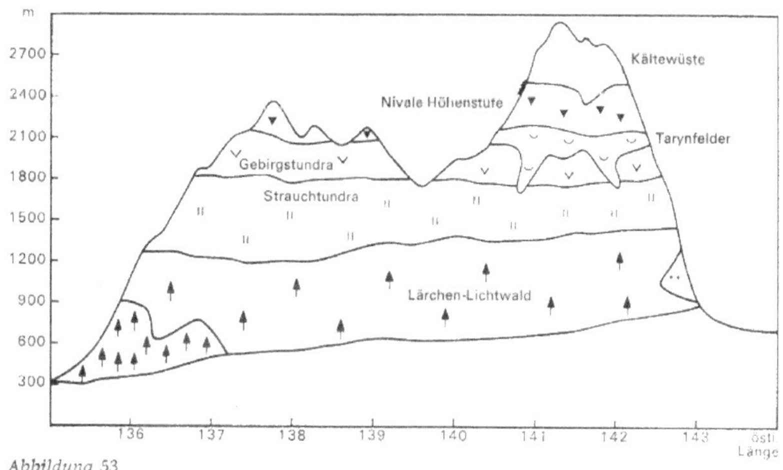

Abbildung 53
Landschaftliche Höhenstufen Nordostsibiriens längs 62° 30′ N (Profil 1)

Abbildung 14: Höhenstufen der Vegetation Nordostsibiriens (Berg 1989, S. 329)

Als Vegetationshauptarten kommen in Nordostsibirien arktische und alpine Tundra, Waldtundra sowie Taiga vor. Allgemein ist die Vegetation stark verarmt. Ein Beispiel für die Höhenstufen der Gebietes zeigt die Abbildung 13 mit einem Querprofil durch die Gebirge auf 62° n. Breite. Hier folgen von unten nach oben (Lärche-) Taiga, Strauchtundra (Zwergkiefer), Gebirgstundra (Zwergstäucher und Flechten), die nivale Höhenstufe und die Kältewüste. In allen Teilen der Tundrazone kommen vielfach Sümpfe vor, die in den Tälern bis zu 80 % der Fläche ausmachen können. Die Waldgrenze liegt im Norden bei ca. 40 m Höhe und steigt nach Süden auf 1300-1400 m an.

6.4. Tierwelt und menschlicher Einfluss

Die Fauna Nordostsibiriens ist noch sehr unzureichend erforscht, insbesondere in den Gebirgen. Bisher sind folgende Tierarten bekannt: Schneeschaf, Murmeltier, Ziesel, Zobel, Eichhörnchen, Fuchs und Hermelin. Daneben kommen noch einige Vogelarten vor, die vielfach von der geringen Bevölkerung auch bejagt werden, so zum Beispiel Auerhuhn und Haselhuhn. Der gesamte Raum ist allgemein recht dünn besiedelt. Dennoch leben hier schon lange Ureinwohner, die das extreme Klima ertragen können. Die Erschließung des Raumes begann im 17. Jahrhundert. Interessant war das Gebiet vor allem wegen seiner Goldlagerstätten. Weitere Vorkommen wie Kohle, Zinn und auch Erdgas führten zu einer bergbaulichen Erschließung zu Beginn des 20. Jahrhunderts, zumeist mit Hilfe von Zwangsarbeitern. Ein Problem für das Bauwesen und die Erschließung stellen der Dauerfrostboden und die extremen Wintertemperaturen dar.

7. Putorana-Gebirge

7.1. Lage, Geologie und Morphologie

Das Putorana-Gebirge liegt im Nordwesten unseres Untersuchungsgebietes im mittelsibirischen Bergland. Es stellt die höchste Erhebung Mittelsibiriens mit 1701 m Höhe (Berg Kamen) dar. Das Gebirge selbst besteht aus einer circa 1000 m mächtigen Lava- und Effusivfolge mit permo/triassischen, basischen Laven (Basalt und Diabas) und Tuffen. Infolge neogener Hebungen, die bis ins Quartär andauerten, wurde das Gebirge kuppelförmig über das umliegende Gelände herausgehoben. Während der langen Hebungsphase unterlag das Putorana-Gebirge einer intensiven Denudation, die eine wichtige Rolle bei der Herausprägung der Lavadecken spielten. Diese sogenannten Trappdecken bilden heute schwach gegliederte Plateaus, einzelne Trapp-Restberge und -Kämme, die zum Teil alte Vulkanruinen darstellen. Während der quartären Morphogenese spielten neben den Vergletscherungen in der Waldai-Eiszeit fluviale Formen eine große Rolle. Es bildete sich aufgrund der wasserundurchlässigen Gesteine in dichtes Talnetz. Dabei wurden die Täler bis 250 m tief eingeschnitten. Auch heute ist das Talnetz noch dicht und verläuft radial vom Hebungszentrum nach außen. Mittlerweile sind die Täler bis 1200 m tief eingeschnitten. Als Überreste der Eiszeiten findet man glaziale Formen, wie Trogtäler mit Rundhöckerfluren, glazial übertiefte Seebecken, Endmoränen,

Sander und Kare. Rezente geomorphologische Prozesse stellen die fluviale Aktivität mit enormen Erosionsleistungen, gebundene Solifluktion, Blockbewegungen und Denudationsprozesse dar.

7.2. Klima und Hydrographie

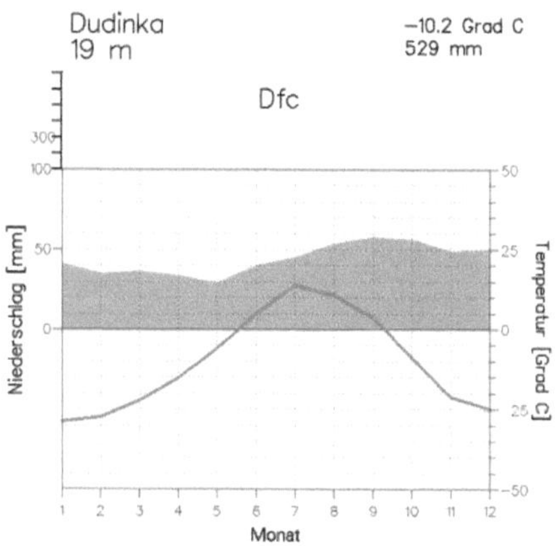

Abbildung 15: Klimadiagramm Putorana-Gebirge (http://www.klimadiagramme.de)

Das Klima im Putorana-Gebirge kann als hochkontinental bezeichnet werden. Es wird durch große jährliche und tägliche Temperaturschwankungen gekennzeichnet. Im Winter liegt es hauptsächlich im Wechselwirkungsbereich zwischen dem asiatischen Kältehoch und Zyklonen der Arktikfront. Durch das Gebirge und die vorhandene Temperaturinversion werden die Zyklonen beim Vordringen nach Osten behindert und bringen im Putorana-Gebirge bis zu 250 mm Niederschlag. Das Gebirge stellt somit eine der schneereichsten Gebiete Russlands dar. Im Frühjahr steigen die Tagesmitteltemperaturen schnell an und fördern dadurch im Sommer die thermischen Gegensätze. Infolge dessen ist zyklonale Tätigkeit vorhanden, die den Luvlagen des Gebirges wiederum Niederschläge bringen. Am stärksten sind diese im Spätsommer, wie das Klimadiagramm belegt. Nach Osten nimmt die Menge der Niederschläge stark ab. Auch im Putorana-Gebirge spielt der Frost eine dominierende Rolle, sodass es eine frostfreie Periode von nur 50-60 Tagen im Jahr gibt. Folglich ist auch hier Dauerfrostboden vorherrschend. Die Flussspeisung geschieht hauptsächlich durch Schneeschmelzwasser und Regenwasser, wobei der Anteil der Schneeschmelze mehr als 50 Prozent beträgt. Die geringste Wasserführung haben die Flüsse im Winter, da alle bis zu 230 Tage zugefroren sind. Ansonsten sind die Flüsse des Putorana Gebirges durch ein hohes Gefälle, bedeutende Fließgeschwindigkeiten und einem extrem hohen Abfluss (500-800 mm/a) charakterisiert. Zur Schneeschmelze und bei Starkregen können enorme Hochwasser von bis zu 15 m entstehen.

7.3. Böden und Vegetation

Die Böden im Putorana-Gebirge sind durch den Dauerfrostboden und eine jährliche Auftauphase von 4-6 Monaten gekennzeichnet. Daher treten auf den Trappdecken hauptsächlich podsolierte Gebirgstaigaböden auf Gefrornis und Gebirgstundrenböden auf. Die Hauptformen der Vegetation im Putorana-Gebirge stellen die Gebirgstundra und die nördliche Gebirgstaiga dar. Die obere Waldgrenze liegt im nördlichen Teil bei 200-400 m Höhe, im südlichen Teil bei 700-800 m. Darüber wird die Vegetation sehr spärlich und die Gebirgstundra herrscht vor. Die nördliche Gebirgstaiga wird dabei aus weitständigen, lichten und kümmerwüchsigen Lärchenwäldern gebildet. Die Gebirgstundra besteht aus fast vegetationslosen Steinschuttflächen und Flechten. In den Tälern gibt es auch krautreiche Tundren und vereinzelt Zwergsträucher.

7.4. Tierwelt und menschlicher Einfluss

Angaben zur Tierwelt können hier leider nicht gemacht werden, da in der Literatur nichts zu finden war. Der menschliche Einfluss im Gebirge selbst dürfte aber wie in den anderen Gebirgen auch relativ gering sein. Ganz im Gegensatz zur vorgelagerten Tungunska-Senke im Westen des Gebirges. Hier befindet sich auch die größte Stadt Norilsk des Mittelsibirischen Berglandes. Sie ist eine Industriestadt, da in der Senke Steinkohle, Platin, Nickel und Kupfer vorkommen. Diese Bodenschätze werden hier abgebaut und teilweise verarbeitet oder über den Jenissej verschifft. Auch in diesem Gebiet begünstigt der Dauerfrostboden zwar den Bergbau, behindert allerdings das Bauwesen und die Erschließung.

8. Zusammenfassung

Der Altai und die Gebirge Ostsibiriens stellen eine zumeist recht lebensfeindliche Landschaft dar, wie aus der Beschreibung ersichtlich ist. Dennoch ist der Faunen- und Florenreichtum beachtlich. Der Mensch meidet diese Gebiete zumeist, außer um dort Rohstoffe abzubauen. Diese Arbeit konnte mit den Gebirgen leider nur einen kleinen Einblick in die gesamte Landschaft Ostsibiriens geben. Ich hoffe dennoch, ich konnte bei einigen das Interesse für diese Region Eurasien wecken.

9. Literaturverzeichnis

- AKADEMIE DES WISSENSCAHFTEN DER UDSSR, SIBIRISCHE ABTEILUNG (Hrsg., 1987): Die Erschließung Sibiriens und des Fernen Ostens – VEB Hermann Haack, Geographisch-Kartographische Anstalt Gotha [53/RA 4101-285]
- BERG, LEO S. (1989): Die Geographischen Zonen der Sowjetunion, Band 2 – B.G. Teubner Verlagsgesellschaft Leipzig [53/RQ 10180 B 493-2]
- BUSSEMER, SIXTEN (2001): Jungtertiäre Vergletscherungen im Bergaltai und in angrenzenden Gebirgen – Analyse des Forschungsstandes. – In: PAESLER, R. UND K. RÖGNER (Hrsg., 2001): Mitteilungen des Geographischen Gesellschaft München Band 85 [53/RA 2285-85]
- BUSSEMER, SIXTEN (2001): Bemerkungen zur Forschungsgeschichte und Naturraumgliederung im Bergaltai. – In: PAESLER, R. UND K. RÖGNER (Hrsg., 2001): Mitteilungen des Geographischen Gesellschaft München Band 84 [53/RA 2285-84]
- DOLGINOW, J. UND S. KROPATSCHJOW (1994): Abriss der Geologie Russlands und angrenzender Staaten – E. Schweizerbart'sche Verlagsbuchhandlung (Nägele u. Obermiller) Stuttgart [53/RQ 10129 D 664]
- FRANZ, HANS-JOACHIM (1973): Physische Geographie der Sowjetunion - VEB Hermann Haack, Geographisch-Kartographische Anstalt Gotha [53/RQ 10180 F 837]
- GRANÖ, JOHANNES G. (1945): Das Formengebäude des Nordöstlichen Altai – Turun Yliopiston Maantieteellisen Laitoksen Julikaisuja Publicationes Instituti Geographici Universitatis Turkuiensis. Turku [Fernleihe]
- KLINGE MICHAEL (2001): Glazigeomorphologische Untersuchungen im Monglischen Altai als Beitrag zur jungteriären Landschafts- und Klimageschichte der Westmongolei. – In: AHNERT, F. u.a. (Hrsg. 2001): Aachener Geographische Mitteilungen Band 35 – Geographisches Institut der RWTH Aachen im Selbstverlag [Fernleihe]
- MURAWSKI, HANS und W. MEYER (1989): Geologisches Wörterbuch – Ferdinand Enke Verlag Stuttgart [priv]
- NECHOROSEV, VASILIJ P. (1966): Geologie des Altai – Akademie Verlag Berlin [Fernleihe]
- PULS, WILLI W. (Hrsg., 1978): Fischer Länderkunde der Sowjetunion Band 9 – Fischer Taschenbuch Verlag Frankfurt a.M. [53/RB 55053 W 423]
- WALTER, HEINRICH (1974): Die Vegetation Osteuropas, Nord- und Zentralasiens – Gustav Fischer Verlag Stuttgart [53/RQ 10489 W 232]
- WESTERMANN KARTOGRAPHIE (Hrsg., 1996): Diercke Weltatlas 4. Auflage – Westermann Schulbuchverlag GmbH Braunschweig

- ZIMM, A. UND G. MARKUSE (1984): Geographie der Sowjetunion – Studienbücherei Geographie für Lehrer Band 8 - VEB Hermann Haack, Geographisch-Kartographische Anstalt Gotha [privat Prof. Friedmann]

Internet (alle Stand 18.11.2003)

- Dienstreisende.de: http://www.dienstreisende.de/info%20euro%20laender/russland.html
- Erdkunde Online: http://www.erdkunde-online.de/1411.htm
- http://private.addcom.de/europa/europa/russ.htm
- Lake Baikal Homepage: http://www.irkutsk.org/baikal/
- Philipps Universität Marburg, FB Geographie: http://www.meschede-home.de/altai/altai.htm
- Wikipedia – Die freie Enzyklopädie: http://de.wikipedia.org/wiki/Altaj
- Wikipedia – Die freie Enzyklopädie: http://de.wikipedia.org/wiki/Baikalsee
- YahooGeocities.com: http://www.geocities.com/sirg4pwa/Daten.htm

Sonstige:

- Microsoft Encarta 2003

10. Abbildungsverzeichnis